Richmond Karikari

Utilização de cascas de plátano e serradura como briquetagem de biomassa

Richmond Karikari

Utilização de cascas de plátano e serradura como briquetagem de biomassa

Uma fonte alternativa de energia

ScienciaScripts

Imprint

Any brand names and product names mentioned in this book are subject to trademark, brand or patent protection and are trademarks or registered trademarks of their respective holders. The use of brand names, product names, common names, trade names, product descriptions etc. even without a particular marking in this work is in no way to be construed to mean that such names may be regarded as unrestricted in respect of trademark and brand protection legislation and could thus be used by anyone.

Cover image: www.ingimage.com

This book is a translation from the original published under ISBN 978-3-330-07356-2.

Publisher:
Sciencia Scripts
is a trademark of
Dodo Books Indian Ocean Ltd. and OmniScriptum S.R.L publishing group

120 High Road, East Finchley, London, N2 9ED, United Kingdom
Str. Armeneasca 28/1, office 1, Chisinau MD-2012, Republic of Moldova, Europe
Printed at: see last page
ISBN: 978-620-7-90026-8

Índice:

RESUMO

Todos os anos são produzidos milhões de toneladas de resíduos agrícolas e de resíduos de serradura que são destruídos ou queimados de forma ineficaz, constituindo um risco para a saúde humana e para a ecologia e causando poluição atmosférica. Entretanto, estes resíduos podem ser reciclados e podem fornecer uma fonte renovável de energia através da conversão de resíduos de biomassa em briquetes de combustível de alta densidade com a adição de um aglutinante. Os objectivos do estudo foram os seguintes: determinar as características de combustível da casca de plátano e do pó de serra e comparar as propriedades de combustível do briquete de biomassa da casca de plátano e do pó de serra com outros briquetes conhecidos, como a casca de arroz, a espiga de milho, a casca de amendoim e o bagaço. As cascas de plátano e o pó de serra foram densificados em briquetes a alta temperatura e pressão com um amido de mandioca como aglutinante. Foram determinadas as propriedades relacionadas com a combustão, nomeadamente o teor percentual de humidade, o teor percentual de cinzas, o teor percentual de matéria volátil e o valor calorífico dos briquetes. O melhor briquete foi produzido quando a casca de plátano e a serradura foram aglutinadas com amido de mandioca, que tinha um poder calorífico de 3987 kcal/kg. Verificou-se também que o briquete produzido a partir de casca de amendoim tinha o valor calorífico mais elevado de 4524 kcal/kg, enquanto o briquete produzido a partir de casca de arroz tinha o valor calorífico mais baixo de 3300 kcal/kg.

AGRADECIMENTOS

Desejo expressar com alegria a minha gratidão e agradecimento ao Senhor Jesus e ao Espírito Santo pela orientação e inspiração para a conclusão bem sucedida desta tese.

Com respeito, honra e apreço, reconheço as contribuições sem paralelo do meu amável supervisor, Dr. A. A. Adomako. O seu papel de in-loco-parentis e de mentor permitiu a realização e o impacto positivo na conclusão bem sucedida do meu trabalho. Esteve sempre disponível para responder às minhas perguntas, fazer correcções e dar orientações construtivas sobre o caminho adequado a seguir. O Deus Todo-Poderoso abençoar-vos-á ricamente em nome de Jesus. O meu apreço vai também para o Dr. Collins Ayine Nsor, professor e amigo na FFRT, KNUST, que me deu muita orientação durante a preparação desta tese.

Gostaria de agradecer ao analista de laboratório do Departamento de Ciências das Culturas e do Solo da KNUST, Sr. Samuel Jeo Acquah e ao Sr. Joseph Peprah do Bekwai Adventist Senior High, Diretor do Departamento de Física. Agradeço a sua cooperação e, em especial, a sua grande ajuda durante a minha experiência com briquetes de biomassa.

A minha profunda gratidão ao Dr. D.E.K.A Siaw, Chefe do Departamento de Recuperação e Reabilitação de Terras e também VICE-DEAN da FFRT, que, para mim, foi uma grande motivação através do seu constante estímulo, preocupação e encorajamento que me deram o tão necessário impulso e perseverança para a conclusão bem sucedida da tese. Obrigado, Senhor. Os meus agradecimentos vão para os meus pais e toda a família pelo apoio moral, compreensão e cooperação de sempre, durante todo o período dos meus estudos. Um agradecimento especial aos meus irmãos mais velhos, Sylvester Karikari e Isaac Karikari. O apoio financeiro e o amor fraterno do Sr. Dawolor N. Kanasuah (libariano), estudante do último ano de mestrado no Departamento de Ciência Animal, foram esmagadores. Por último, gostaria de agradecer a todos os meus amigos, especialmente a Yussif Haruna e Ahoma Gabriel, Assistentes de Ensino no Departamento de Silvicultura e Gestão Florestal, KNUST, pelo seu apoio e contribuição imersos. Que o bom Deus vos abençoe a todos em nome de Jesus.

Capítulo 1

ANTECEDENTES DA INVESTIGAÇÃO

1.1   Introdução

A biomassa é uma das fontes de produção de energia com maior potencial de crescimento nos próximos anos e pode ser facilmente obtida a partir da produção agrícola, que gera grandes quantidades de resíduos. A utilização de resíduos agrícolas e agro-industriais como combustível de biomassa para a produção de energia está a ser cada vez mais estudada e pode ser uma solução alternativa para os problemas com eles relacionados. Esses resíduos podem ser aproveitados como briquetes e pellets para uso em processos de combustão e gaseificação na geração de energia (Suzdalenko *et al.*, 2011).

Ferguson (2012) define a briquetagem como o processo de conversão de resíduos agrícolas em briquetes de forma uniforme, fáceis de utilizar, transportar e armazenar. Os briquetes de biomassa são uma forma de combustível sólido que pode ser queimado para obter energia. São criados através da compactação de resíduos de biomassa soltos em blocos sólidos que podem substituir os combustíveis fósseis, o carvão vegetal e a lenha natural nos processos de cozedura doméstica e institucional e de aquecimento industrial. Os briquetes têm potencial para ser uma fonte de energia renovável se forem produzidos a partir de biomassa colhida de forma sustentável ou de resíduos agrícolas.

No processo de briquetagem, as partículas de materiais sólidos são prensadas para formar blocos com forma e dimensões definidas. Os briquetes produzidos a partir destes resíduos a baixo custo são uma excelente fonte de produção de energia barata de uma forma ambientalmente correcta e são, em muitos casos, ideais para substituir os combustíveis fósseis atualmente utilizados, com vantagens económicas e ambientais significativas (Yamaji *et al.*, 2010).

Várias biomassas estão a ser estudadas para a produção de briquetes. Kaliyan e Morey (2010), estudaram as características de densificação das espigas de milho. Oladeji (2010), avaliou a caraterização do combustível de briquetes produzidos a partir de resíduos de espiga de milho e casca de arroz. Chou *et al.* (2009) estudaram a preparação e a caraterização do combustível de biomassa sólida produzido a partir de palha de arroz e farelo de arroz. Yumak *et al.* (2010), produziram briquetes a partir de erva-de-são-joão *(Salsola tragus)* para serem utilizados como fonte de combustível rural. A produção de briquetes biológicos a partir de algas castanhas carbonizadas foi avaliada por Acma *et al.* (2013), e Wilaipon (2009), também estudou os efeitos da pressão de briquetagem em briquetes de casca de banana e em resíduos de banana no norte da Tailândia.

No Gana, a produção nacional de banana-da-terra aumentou de 1,1 toneladas métricas para 3,6 milhões de toneladas métricas por ano entre 1992 e 2005, um aumento de cerca de 230% (Eledi, 2007). De acordo com Soffner (2001), a banana gera uma quantidade significativa de resíduos, uma vez que cada planta produz um a cinco cachos de bananas que também podem ser atribuídos à banana-da-terra.

Os briquetes de biomassa podem ser utilizados como combustível para substituir a lenha, o carvão vegetal ou outros combustíveis sólidos. A maioria dos habitantes das zonas rurais (cerca de 70% da população do Gana) e quase todos os agricultores dependem fortemente da lenha para todas as suas actividades domésticas e comerciais que requerem calor, o que tem um efeito adverso na floresta do país, provocando a desflorestação. A utilização da biomassa em muitos estabelecimentos comerciais e institucionais em todo o país é também um caso digno de menção. Cerca de 70% do consumo total de energia a nível nacional é assegurado pela biomassa, quer sob a forma direta, quer sob a forma transformada (KITE, 1999).

No Gana, a lenha e o carvão vegetal representam cerca de 64% da fonte primária de energia e 95% do consumo de energia rural (Okrah, 1999; Duku *et al.*, 2011). De acordo com Okrah (1999), o Departamento Florestal do Gana informou que só em 1992 foram produzidos 1,55 milhões de metros cúbicos de lenha e carvão vegetal no Gana. Estudos realizados em países em desenvolvimento onde a lenha é utilizada para fins domésticos revelaram que, para além do grave impacto negativo que a utilização de lenha tem na floresta, a utilização ineficiente de lenha resulta numa exposição significativa à poluição interior. Para além disso, as mulheres, as crianças e os idosos correm maiores riscos, devido às longas horas passadas em torno de fogueiras à base de combustíveis sólidos.

Cerca de 69% de todos os agregados familiares urbanos no Gana utilizam carvão vegetal. O consumo anual per capita é de aproximadamente 180 kg; o consumo anual total é de cerca de 700 000 toneladas. Accra e Kumasi, as duas maiores cidades do Gana, são responsáveis por 57% de todo o carvão vegetal consumido no país. A procura de madeira para carvão vegetal exerce uma enorme pressão sobre as florestas do Gana, provocando a desflorestação e tendo graves consequências para o ecossistema no seu conjunto. No Gana, a exposição à poluição do ar em recintos fechados é responsável pela perda anual de 502 000 anos de vida ajustados por incapacidade (DALY). O DALY é uma métrica padrão utilizada pela Organização Mundial de Saúde (OMS) para indicar o peso da morte e da doença devido a um fator de risco específico. A OMS também estima que a exposição à poluição do ar interior é responsável por 16 600 mortes por ano no Gana. Uma das tecnologias viáveis e prometedoras através da qual estes resíduos podem ser convertidos em energia de biomassa é o processo de briquetagem

(Wilaipon, 2008).

1.2   A declaração do problema

A procura de carvão vegetal no Gana exerceu uma enorme pressão sobre a floresta do país, provocando a desflorestação. A disponibilidade decrescente de lenha na maioria dos países em desenvolvimento exigiu esforços no sentido de uma utilização eficiente dos resíduos agrícolas (Grover e Mishra, 1996; Tripathi *et al.*, 1998).

Além disso, a produção de resíduos agrícolas e de serradura da indústria de moagem é gerada diariamente. Entretanto, a utilização eficiente e óptima está limitada a menos de 10% da quantidade total produzida, principalmente para a produção de combustível. Os dados fornecidos pelas estatísticas do Gana indicam que Accra e Kumasi, que consomem 255.000 a 366.000 e 230.000 a 250.000 toneladas de resíduos orgânicos, respetivamente, estão efetivamente disponíveis anualmente para compostagem, o que significa que estas quantidades já foram recolhidas e não têm qualquer outra utilização atual. As pessoas que geram os resíduos não só incorrem em enormes custos operacionais para os transportar para as lixeiras. Além disso, colocam muitos problemas ambientais, uma vez que têm um impacto negativo na saúde e segurança das pessoas.

1.3   Justificação

A literatura existente mostra que não existe nenhum estudo científico pormenorizado sobre a utilização de briquetes de biomassa da casca da banana como combustível. Entre os vários tipos de recursos de biomassa, os resíduos agrícolas e a serradura tornaram-se uma das escolhas mais promissoras como combustíveis para cozinhar devido à sua disponibilidade em quantidades substanciais como resíduos diários. No Gana, a serradura é um resíduo abundante nas serrações de zonas como Akim Oda, na região oriental, Takoradi, na região ocidental, Kumasi, na região de Ashanti, e Sunyani, na região de Brong Ahafo. As estimativas de um relatório da revisão e avaliação anual da situação mundial da madeira da Organização Internacional das Madeiras Tropicais (OIMT) mostram que, só em 2008, a produção total de toros redondos no Gana e em África foi de 1 291 600 m^3 e 18 136 200 m^3 com estimativas correspondentes de serradura de 142 080 m^3 e 1 994 980 m^3 respetivamente (OIMT, 2008). No entanto, apenas algumas fábricas no Gana são capazes de utilizar parte da serradura bruta produzida como combustível para satisfazer as suas próprias necessidades de produção de vapor e eletricidade. A maioria das fábricas produz grandes quantidades de serradura, que se acumulam nas fábricas anualmente. Na melhor das hipóteses, são utilizadas para encher terrenos degradados ou são queimadas. Atualmente, existe um enfoque global na utilização e produção sustentáveis de briquetes de biomassa por parte das indústrias e instituições de investigação, a fim de ajudar a minimizar a dependência da floresta rural para a produção de carvão vegetal, o que contribui para a desflorestação e deterioração da floresta. O briquete de casca de plátano (PP) não é comum no Gana, o que dificulta a sua obtenção como fonte fiável de energia. Existe, portanto, a necessidade de explorar as potencialidades do briquete de casca de plátano como combustível ambientalmente estável. Isto para ajudar a minimizar o abate de árvores florestais para a produção de carvão vegetal e reduzir o elevado risco de impacto na saúde humana devido aos resíduos. As conclusões deste trabalho serão úteis para indivíduos e organizações empresariais e para os habitantes das zonas rurais que dependem das árvores florestais para a produção de carvão vegetal como combustível. Assim, este estudo centrou-se no fornecimento de biomassa como alternativa ao carvão de madeira, utilizando resíduos agrícolas abundantes localmente convertidos em briquetes de carvão em pequena escala.

1.4   O objetivo do estudo

Este trabalho de investigação tem por objetivo determinar as propriedades combustíveis das cascas de plátano e do briquete de serradura.

1.4.1   Os objectivos específicos

i. Determinar as características do combustível da casca de bananeira e do pó de serra e

ii. Comparar as propriedades do combustível do briquete de biomassa de casca de banana e pó de serra com outros briquetes conhecidos, como casca de arroz, espiga de milho, casca de amendoim e bagaço.

1.5   A estrutura da tese

O presente estudo está organizado em seis capítulos principais;

C capítulo 1 apresenta   os antecedentes do estudo, descreve o problema, a justificação do estudo, o objetivo do estudo e a estrutura da tese.

C capítulo 2apresenta   uma revisão da literatura relevante. Discute os conceitos delineados no estudo, citando fontes bibliográficas relevantes.

C capítulo 3apresenta   os materiais e métodos do estudo, descrevendo a preparação dos resíduos, a briquetagem dos resíduos e a análise dos dados.

C capítulo 4apresenta   os resultados do estudo. O teor de humidade, o teor de cinzas, o poder calorífico e o teor de matéria volátil dos briquetes.

C capítulo 5 apresenta   a discussão do estudo. Resume as principais conclusões do estudo.

O capítulo 6 trata   das conclusões e recomendações do estudo.

Capítulo 2

REVISÃO DA LITERATURA

2.1   Introdução

Este capítulo consiste na literatura relevante para o trabalho de investigação. Inclui uma breve informação sobre a forma como os resíduos agrícolas são utilizados como combustível alternativo através de briquetes de biomassa, propriedades do combustível dos briquetes de biomassa. Também analisa a utilização de resíduos agrícolas para a produção de combustível de biomassa e as suas características de qualidade para ajudar a eliminar o abate de árvores florestais para lenha.

A biomassa (abreviatura de massa biológica) é qualquer matéria orgânica produzida por plantas, tanto terrestres como aquáticas. De facto, toda a energia combustível derivada direta ou indiretamente de fontes biológicas é denominada "energia de biomassa" e é composta principalmente por madeira, resíduos de culturas e estrume, bem como pelos seus derivados, como o biogás e os briquetes (Atakora, *não publicado*). As estatísticas surpreendentes disponibilizadas pela Organização das Nações Unidas para a Alimentação e a Agricultura (FAO) indicam que cerca de 69% de todos os agregados familiares urbanos no Gana utilizam carvão vegetal para cozinhar e aquecer, e o consumo anual per capita é de cerca de 180 kg. O consumo total anual é de cerca de 700 000 toneladas, 30% das quais são consumidas em Acra, a capital do Gana.

De acordo com um estudo de caso realizado pela Ted, foi revelado que, desde 1981, a taxa anual de desflorestação no Gana tem sido de 2%/ano ou 750 hectares por ano. A área de floresta tropical do Gana representa atualmente apenas 25% da sua dimensão original. Não obstante, de acordo com a FAO, a taxa de desflorestação no Gana é de 3% por ano. Ferguson (2012) afirmou que os briquetes têm potencial para ser uma fonte de energia renovável se forem produzidos a partir de biomassa colhida de forma sustentável ou de resíduos agrícolas. A extração e o consumo indiscriminados de combustíveis fósseis conduziram a uma redução das reservas florestais. Os combustíveis alternativos, a conservação e a gestão da energia, a eficiência energética e a proteção do ambiente tornaram-se importantes nos últimos anos, como refere (Barnwal, 2005). Além disso, o problema da eliminação dos resíduos agrícolas está a colocar dificuldades aos agricultores e ao público em geral, uma vez que estes resíduos constituem um incómodo para o ambiente e uma atração para o público. Por conseguinte, se estes resíduos pudessem ser utilizados para produzir energia, seria uma solução bem-vinda para o problema da poluição, da eliminação e do controlo dos resíduos (Oladeji, 2012). O aumento da redução das florestas para a produção de carvão vegetal e de combustível tornou necessária a procura de combustíveis em briquetes como alternativa ao carvão vegetal e à lenha, que estão a ser utilizados em grandes quantidades nos sectores industrial, comercial e doméstico. Em todo o mundo, há uma grande quantidade de resíduos agrícolas disponíveis na natureza. Wiliapon (2008) afirmou que uma das tecnologias viáveis e prometedoras através da qual estes resíduos podem ser convertidos em energia de biomassa é o processo de briquetagem.

2.2   Vantagens do briquete de casca de banana-da-terra (PP)

Algumas vantagens do briquete à base de casca de banana (PP) incluem

    (i)   Os briquetes são utilizados para aquecimento de casas, para cozinhar, bem como para outros tipos de aquecimento industrial e produção de energia eléctrica;

    (ii)   A vantagem de utilizar resíduos de biomassa para a briquetagem é a sua disponibilidade em grandes quantidades, quase no estado seco. Isto torna desnecessária a pré-secagem, poupando assim nos custos operacionais. Por vezes, o transporte de recolha dos resíduos de biomassa é muito dispendioso. Quando estes custos do sistema são elevados, os resíduos são queimados ou deixados no local a apodrecer (Anell e Karen, 1991);

    (iii)   É mais fácil de incendiar do que a madeira maciça, uma vez que a maior parte da sua substância volátil, bem como a humidade, são removidas durante o seu fabrico. O briquete é considerado um combustível neutro em termos de carbono e, por conseguinte, mais amigo do ambiente do que o carvão vegetal. (Mitchual, 2014).

    (iv)   São uniformes em termos de tamanho e qualidade;

    (v)   Além disso, a utilização do briquete ajudará a reduzir a pressão sobre a floresta,

fornecendo um substituto para a lenha e o carvão, reduzindo assim o tempo gasto pelas mulheres e crianças em actividades básicas de sobrevivência, como a recolha de lenha;
(vi)   Os briquetes são fáceis de transportar devido à sua baixa densidade;
(vii)   Os briquetes requerem um espaço relativamente pequeno para armazenamento (Kaliyan e Morey, 2010);
(viii)   O briquete tem maior intensidade de calor do que o carvão vegetal;
(ix)   O briquete também oferece uma solução para os problemas de eliminação associados à serradura;
(x)   Não contêm produtos químicos e não poluem quando queimados;
(xi)   O teor de cinzas produzido após a queima dos briquetes de combustível não é superior a 15% e não há libertação de gases nocivos (como o enxofre e o mercúrio). Isto torna-o um biocombustível limpo, ecológico e eficiente;
(xii)   Não faz fumo: os briquetes de biomassa ardem sem muito fumo durante a ignição e a combustão;
(xiii)   Faíscas: Não são produzidas faíscas como na lenha e na
(xiv)   Pode também levar à criação de postos de trabalho e ao aumento do rendimento das serrações e dos agricultores nas localidades onde o briquete é produzido.

2.3   Desvantagens do briquete de casca de banana (PP)

Entre as desvantagens, as mais comuns são:
(i)   Os principais desafios operacionais que prejudicam a produção de briquetes são o elevado custo de investimento e o elevado consumo de energia no processo, que resultam no custo de produção (Dutta, 2007).
(ii)   O projeto mais avançado no Gana sobre briquetagem é provavelmente a fábrica de briquetagem de serradura que foi estabelecida em Akim Oda em 1984 (Atakora, *não publicado*). A produção não pôde ser sustentada devido a desafios operacionais, de marketing e de normalização, embora os briquetes tivessem grandes perspectivas como alternativa à lenha e ao carvão vegetal (Akowuah *et al.*, 2012).
(iii)   Além disso, o modo de processamento dos toros nas serrações no Gana resulta na mistura de serradura de diferentes espécies no local de eliminação.
(iv)   Pode deduzir-se da literatura que diferentes materiais de biomassa requerem diferentes condições óptimas para o processo de briquetagem (Tumulura *et al.*, 2011). Assim, a conceção de equipamento adequado e a adoção de condições científicas óptimas para a prensagem destes resíduos requerem um conhecimento adequado dos factores que influenciam o processo de compactação. Isto exige uma investigação intensiva nesta área, a fim de documentar as melhores práticas científicas para a produção de briquetes a partir destes resíduos disponíveis localmente.
(v)   Características indesejáveis da combustão frequentemente observadas, por exemplo, fraca inflamabilidade, fumo, etc.

2.4   Parâmetros de ensaio para briquetes de biomassa

Há muitos factores a considerar antes de uma biomassa ser qualificada para utilização como matéria-prima para briquetagem. Para além da sua disponibilidade em grandes quantidades, deve ter as seguintes características

2.4.1   Baixo teor de humidade

Neste caso, a luz solar direta é utilizada para separar a água livre da casca de plátano e da serradura. A água pode ser detectada visualmente se houver contaminação grosseira (aspeto turvo).

Os briquetes de biomassa não absorvem demasiada humidade; o nível de humidade é inferior a 15%. E isto torna-o único para se adaptar mesmo em condições de humidade. Para os utilizadores finais, a remoção incompleta de água e sedimentos dos processos resultará numa ignição deficiente.

2.4.2   Inspeção visual

A Inspeção Visual é um teste normalizado que exige que o briquete de biomassa seja claro e brilhante e não contenha partículas visíveis.

2.5 Energia de biomassa

A seguir ao carvão e ao petróleo, a biomassa é o terceiro maior recurso energético do mundo (Bapat *et al.*, 1997). [th]Até meados do século XIX, a biomassa dominava o consumo global de energia. Embora o aumento da utilização de combustíveis fósseis tenha provocado uma redução do consumo de biomassa para fins energéticos nos últimos 50 anos, a biomassa ainda fornece cerca de 1,25 mil milhões de toneladas de equivalente de petróleo (Btep) ou cerca de 14% do consumo anual de energia a nível mundial (Purohit *etal.*, 2006; Zeng *et al.*, 2007). A biomassa está a tornar-se cada vez mais importante a nível mundial como uma fonte de energia limpa e fiável alternativa aos combustíveis fósseis (Li e Hu, 2003; Duku *et al.*, 2011). Grover e Mishra (1996) e Tripathi *et al.*, (1998) revelaram que a disponibilidade decrescente de madeira para combustível na maioria dos países em desenvolvimento exigiu que fossem feitos esforços para a utilização eficiente de resíduos agrícolas Os recursos de biomassa mais simples e menos dispendiosos são os resíduos de madeira ou de operações de agro-processamento, mas a sua oferta é limitada. Para ultrapassar esta limitação, os países de todo o mundo estão a considerar as culturas de biomassa para fins energéticos e começaram a desenvolver tecnologias para utilizar a biomassa de forma mais eficiente. Os padrões de consumo de resíduos de biomassa nos países em desenvolvimento variam de uma região para outra. Isto é atribuído à disponibilidade da oferta, às diferenças climáticas, ao crescimento da população, ao nível de desenvolvimento socioeconómico e a factores culturais (Massaquoi, 1990).

2.6 Cascas de banana-da-terra maduras

O potássio é o mineral mais abundante nas cascas de plátano (PP) com um valor estimado de 37 gramas kg^{-1} na casca verde. Este valor aumenta ligeiramente durante o processo de maturação. A utilização de cascas de plátano (resíduos de cozinha), dado o seu rico conteúdo mineral, está a ser investigada em várias aplicações, tais como a sua inclusão nas dietas práticas do peixe-gato africano híbrido. Os teores de potássio, álcalis e metais das cinzas obtidas a partir das cascas de plátano foram investigados por vários investigadores e mostraram que o teor de álcalis variava entre 6,3 e 12% e também descobriram que a relação entre a concentração de potássio e outros metais nas cascas variava entre 0,6 e 47395, mas entre 0,5 e 313 nos extractos (Babayemi, 2010). Morton (1987) revelou que as bananas e os plátanos são considerados uma das culturas de frutos mais abundantes do mundo. A produção mundial está estimada em 28 milhões de toneladas, sendo que só África produz anualmente cerca de 9 milhões de toneladas de bananas. Esta enorme produção dá uma indicação dos grandes resíduos de cozinha que seriam gerados em todo o mundo em cascas de plátanos. Existem mais de 50 espécies do género Musa. Foram comunicadas várias utilizações do plátano e da banana, mas pouco ou nada se sabe sobre a reciclagem das cascas (resíduos), com exceção de uma utilização insignificante como alimento para animais. A produção de plátanos e bananas tem continuado a aumentar, tanto a nível nacional como internacional, sem que exista um programa correspondente de gestão ou conversão de resíduos.

2.7 Matérias-primas para briquetes de carvão vegetal

F AO (1995), afirmou que o aspeto mais importante da briquetagem de carvão vegetal são as matérias-primas para a carbonização, a sua recolha e preparação. As principais matérias-primas são os resíduos de biomassa, os aglutinantes e/ou as cargas e os melhoradores de ignição. Os aglutinantes são definidos como um produto que, quando adicionado aos grânulos de carvão vegetal, mantém os grânulos unidos numa massa sólida (por exemplo, um líquido espesso constituído por amido, melaço e alcatrão) (SABS, 2002). Os agentes de enchimento retardam a libertação de calor dos briquetes em combustão. São adicionados intensificadores de ignição, como o nitrato de sódio, para os tornar "fáceis de acender".

Os resíduos de biomassa são constituídos por resíduos florestais, agrícolas e agro-industriais que foram experimentados com sucesso para a carbonização: Restos de corte raso (por exemplo, arbustos, galhos, folhas e raízes); resíduos de fábricas de madeira e indústria de móveis (por exemplo, serragem, aparas, placas e aparas de madeira) e resíduos da indústria de celulose e papel e casca (Emrich, 1985).

Os resíduos agrícolas e agro-industriais são constituídos pelas cascas e carapaças de frutos secos;

resíduos de plantações de café, algodão, papaia e pomares; descargas de culturas agrícolas e processamento de alimentos; bagaço de cana-de-açúcar; palha, bambu, erva, ervas daninhas, arbustos, cactos; resíduos municipais variados; resíduos industriais da indústria da construção, da indústria de tapetes e embalagens, da pasta de papel e do papel e dos matadouros (Reger, 1985).

2.8   Como são feitos os briquetes

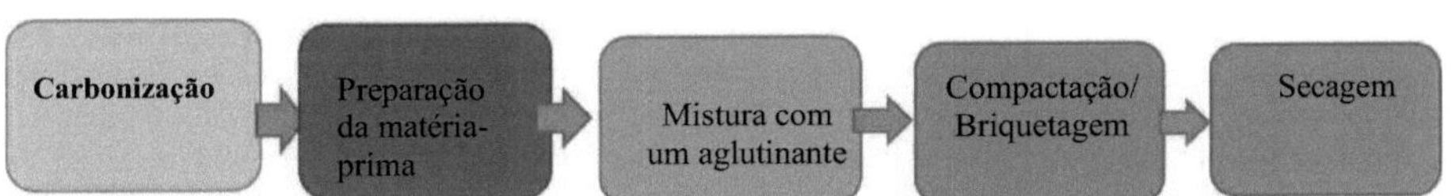

Figura 2.1: Diagrama que mostra as várias etapas do processamento do briquete

Fonte: Grover e Mishra (1996)

A briquetagem é efectuada na biomassa bruta para melhorar a densidade, o tempo de combustão e outras características energéticas. Posteriormente, são transformadas em formas e tamanhos adequados ao seu objetivo. Por vezes, as matérias-primas são primeiro carbonizadas para produzir carvão, que pode depois ser compactado num briquete. As matérias-primas que não se encontram na forma de pó são inicialmente trituradas antes da briquetagem. Dependendo do material, da pressão e da velocidade de compactação, podem também ser necessários aglutinantes adicionais, como amido ou terra argilosa, para unir a matéria (Ferguson, 2012).

2.9   Mecanismo de ligação das partículas

Dois aspectos importantes a considerar cuidadosamente durante a densificação são a capacidade das partículas para formar pellets/briquetes, com uma resistência mecânica considerável e a capacidade do processo para aumentar a densidade. A primeira é uma questão fundamental que levanta a questão de que tipo de ligação ou mecanismo de interbloqueio poderia resultar numa biomassa melhor densificada (Tumuluru *et al.*, 2011). Tumuluru, *et al.*, (2011) sugeriram que a resistência dos pellets/briquetes formados a partir da densificação depende apenas do tipo de interação e das características do material   .

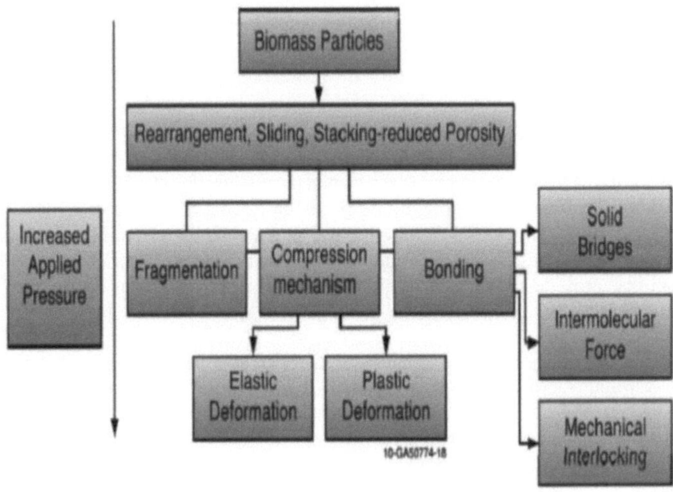

Figura 2.2: Diagrama, mostrando os mecanismos de deformação das partículas de pó sob

Fonte **de compressão**: Denny (2002); Comoglu (2007)

O tipo de interação que é também as variáveis do processo que podem afetar a qualidade da biomassa densificada são o diâmetro da matriz, a temperatura da matriz, a pressão de compactação, a utilização de aglutinantes e o pré-aquecimento da mistura de biomassa. Alternativamente, as propriedades físicas da matéria-prima de biomassa que podem afetar a qualidade dos briquetes incluem o teor de humidade, a dimensão das partículas, a densidade das partículas individuais, a densidade aparente, o volume de vazios e as propriedades térmicas.

2.10 Características de qualidade de um bom briquete

As duas principais qualidades dos briquetes que devem ser consideradas são as seguintes: (1) devem permanecer sólidos até terem cumprido a sua função e (2) devem ter um bom desempenho como combustível. O primeiro aspeto, que implica que o produto deve estar intacto quando manuseado ou armazenado, é principalmente uma função da qualidade do processo de densificação de uma determinada matéria-prima. O segundo aspeto está principalmente relacionado com as propriedades da matéria-prima, a forma e a densidade do briquete individual (FAO, 1990). Um briquete de boa qualidade deve ser suficientemente estável para suportar o manuseamento e o armazenamento a longo prazo (Krauss e Szymanski, 2006). De acordo com Krauss e Szymanski (2006), a superfície externa deve ser lisa e a estrutura da sua secção transversal deve ser compacta.

2.11 Propriedades físicas de um briquete

2.11.1 Densidade

Os pellets ou briquetes com maior densidade têm prioridade como combustível devido ao seu elevado conteúdo energético por unidade de volume e à sua propriedade de combustão lenta (Kumar *et al.*, 2009; Krizan, 2007). Vários investigadores descobriram que a densidade dos briquetes é grandemente influenciada pelo teor de humidade do material, pelo tamanho das partículas, pela pressão e pela temperatura do processo (Mani *et al.*, 2006). Tumuluru *et al.* (2011), concluíram que tanto a densidade unitária como a densidade aparente dependem muito da humidade da alimentação e da temperatura do forno, sendo possível atingir uma densidade máxima de 1200 kg/m³ a temperaturas de cerca de 100°C e um teor de humidade da alimentação de cerca de 5 - 7%. É geralmente aceite que a dimensão das partículas da matéria-prima influencia a densidade dos granulados. Um tamanho de partícula pequeno dá uma densidade mais elevada (Shankar e Bandyopadhyay, 2005). Geralmente, os materiais com maior humidade e maior dimensão das partículas reduzem a densidade unitária e a densidade aparente do produto, ao passo que temperaturas, pressões e tempos de processamento mais elevados aumentam a densidade unitária e a densidade aparente (Kumar *et al,*

2009) . Também foi afirmado que a densidade dos briquetes de biomassa depende da densidade da biomassa original (Demirbas e Sahin, 2004; Demirbas como citado em Kers *et al,*

2010) . A maioria dos processos é capaz de produzir briquetes com densidades superiores a 1000 kg/m³ , ou seja, os briquetes individuais afundar-se-ão na água (FAO, 1990). A FAO, 1990 concluiu que os processos de alta pressão, como as prensas mecânicas de pistão, as prensas de pellets e algumas extrusoras de parafuso produzem briquetes com uma densidade que varia entre 1200 e 1400 kg/m3. As prensas de pistão hidráulicas produzem briquetes menos densos, por vezes inferiores a 1000 kg/m³ .

2.11.2 Estabilidade dos briquetes

Krizan (2007), definiu a estabilidade do briquete como as mudanças em suas dimensões após o briquete ter sido removido da matriz. Estas alterações resultam da pressão libertada pela humidade que escapa do briquete sob a forma de vapor. A extensão destas alterações pode ser prejudicial para os benefícios líquidos obtidos, na medida em que resulta numa diminuição da densidade dos briquetes. A estabilidade serve como um índice do grau de resistência dos briquetes a alterações nas suas dimensões físicas e forma iniciais. É desejável que os briquetes mantenham o seu estado inicial. Assim, quanto menor for a alteração, mais estável é o produto (Al-Widyan *et al.*, 2002). Alguns trabalhos sobre o feno indicaram que a expansão dos briquetes ocorre principalmente nos primeiros 15 minutos e que, após os primeiros 30 minutos, é ligeira (Butler e McColly, 1959). O'Dogherty e Wheeler (1984), trabalhando com palha, verificaram que o relaxamento dos briquetes estava quase completo uma hora após a remoção da matriz, o que resultou numa redução total da densidade de 64 a 75%. Moshenin e Zaske (1976) não registaram qualquer expansão apreciável no comprimento após cinco (5) horas e consideraram que a expansão radial era negligenciável. Shaw (2008), relatou que o tamanho das partículas teve um efeito marginal na expansão dimensional dos pellets. Shrivastava *et al.* (1990), como citado em Tumuluru, *et al.* (2010), utilizou a análise estatística da casca de arroz para estabelecer uma equação de correlação múltipla na seguinte forma Y = a0 + a1P + a2 T, onde Y = percentagem de expansão do volume, T (°C) e P (kg/m2) = temperatura e pressão da matriz, respetivamente. a0, a1 e a2= constantes. De acordo com Chuen-Shii *et al.* (2009), a temperatura de prensagem a quente durante a briquetagem facilita significativamente a solidificação do briquete e diminui a expansão do briquete.

2.12 Propriedades mecânicas dos briquetes

As propriedades mecânicas dos briquetes, também conhecidas como a sua durabilidade, referem-se à capacidade do briquete para suportar o manuseamento mecânico (Ferrero e Molenda, 1999). A durabilidade dos briquetes é provavelmente o critério mais importante para avaliar a qualidade da biomassa densificada e este ensaio destina-se a avaliar a capacidade das unidades densificadas para suportar os rigores do manuseamento, de modo a manterem a sua massa, forma e integridade (Al-Widyan *et al.*, 2002). A resistência à compressão, o índice de resistência ao impacto, a resistência à tração e a dureza são algumas das propriedades mecânicas relevantes para a durabilidade dos briquetes. Os materiais com maior densidade são mais susceptíveis de possuir uma tensão final mais elevada do que aqueles com menor densidade (Jindaporn e Songchai, 2007).

2.13 Propriedades dos briquetes em termos de combustível

As propriedades químicas importantes para a combustão de combustíveis são o poder calorífico global, a análise final e a análise proximal (Aerts e Ragland, 1991).

2.13.1 Poder calorífico

O poder calorífico ou calor de combustão é normalmente utilizado como critério de base para a comparação de combustíveis. Espera-se que o poder calorífico varie entre as várias espécies de árvores e, em certa medida, dentro da mesma espécie. Rabindranath e Oakley Hall (1995) sugeriram que não existem grandes diferenças de poder calorífico entre espécies ou entre árvores e arbustos. Rabindranath e Oakley Hall (1995), afirmaram ainda que o poder calorífico está positivamente correlacionado com a densidade das espécies de madeira. O poder calorífico dos combustíveis de madeira diminui com o aumento do teor de humidade da madeira (Demarrias e Demarrias, 2009). O poder calorífico da maioria dos materiais lenhosos situa-se entre 17 e 19 MJ/kg; para a maioria dos resíduos agrícolas, o poder calorífico é de cerca de 15 a 17 MJ/kg

(Stahl *et al.*, 2004). Um estudo de 22 espécies de árvores comummente utilizadas mostrou que três quartos tinham valores caloríficos entre 14 -19 MJ/kg de madeira seca em estufa (Jain, 1991).

Tumuluru *et al.* (2010) sugeriram que o poder calorífico dos pellets e briquetes depende das condições do processo, como a temperatura, a dimensão das partículas e o pré-tratamento da alimentação. Geralmente, os pellets com maior densidade têm maior poder calorífico. Os valores caloríficos típicos dos granulados de madeira variam entre 17 e 18 MJ/kg. Os valores caloríficos típicos dos pellets à base de palha variam entre 17 e 18 MJ/kg (Satyanarayana *etal.*, 2010). Os processos de pré-tratamento, como a fação Torre e a explosão a vapor, podem ter um efeito significativo no poder calorífico do produto final e aumentá-lo para 20 - 22 MJ/kg.

2.13.2 Teor de cinzas e composição

Os resíduos de biomassa têm normalmente um teor de cinzas muito mais baixo (exceto a casca de arroz, com 20% de cinzas), mas as suas cinzas têm uma percentagem mais elevada de minerais alcalinos, especialmente potássio (Grover e Mishra, 1996). O potássio libertado durante a combustão pode condensar-se sob a forma de cloreto (KCl) ou de sulfatos (K2SO4). O KCl, quando depositado em permutadores de calor, pode causar corrosão acelerada (Kassman e Vattenfall, 2006 como citado em Brostrom, 2010). Estes constituintes têm tendência a desvolatilizar-se durante a combustão e a condensar-se nos tubos, especialmente nos dos superaquecedores. Estes constituintes também reduzem a temperatura de sinterização das cinzas, levando à deposição de cinzas nas superfícies expostas da caldeira.

O teor de cinzas de alguns tipos de biomassa, determinado por Grover e Mishra (1996), é o seguinte

apresentado no quadro 2.1
Tabela 2.1: Teor de cinzas dos diferentes tipos de biomassa

Biomassa	Teor de cinzas (%)	Biomassa	Teor de cinzas (%)
Espiga de milho	1.2	Casca de café	4.3
Bastão de juta	1.2	Cascas de algodão	4.6
Serragem (misturada)	1.3	Resíduos de taninos	4.6
Agulha de pinheiro	1.5	Casca de amêndoa	4.8
Caule de soja	1.5	Casca de noz de areca	5.1
Bagaço	1.8	Rícino	5.4
Café gasto	1.8	Casca de amendoim	6.0

Casca de coco	1.9	Medula de coco	6.0
Caule de girassol	1.9	Medula de bagaço	8.0
Palha Jower	3.1	Feijão palha	10.2
Poço das oliveiras	3.2	Palha de cevada	10.3
Talo de Arhar	3.4	Palha de arroz	15.5
Lantana camara	3.5	Pó de tabaco	19.1
Folhas de subabul	3.6	Pó de juta	19.9
Resíduos de chá	3.8	Casca de arroz	22.4
Casca de tamarindo	4.2	Sêmea oleosa	28.2

Fonte: Grover & Mishra (1996)

O teor de cinzas de diferentes tipos de biomassa é um indicador do comportamento de escorificação da biomassa. Geralmente, quanto maior for o teor de cinzas, maior será o comportamento de escorregamento. Mas isto não significa que a biomassa com menor teor de cinzas não apresente qualquer comportamento de escorregamento. A temperatura de funcionamento, as composições minerais das cinzas e a sua percentagem combinada determinam o comportamento de escorregamento. Muitos autores tentaram determinar a temperatura de escorificação das cinzas, mas não foram bem sucedidos devido à complexidade envolvida. Normalmente, a escória ocorre com combustíveis de biomassa que contêm mais de 4% de cinzas e com combustíveis não escorregadios com um teor de cinzas inferior a 4%. De acordo com as composições de fusão, podem ser designados como combustíveis com um grau severo ou moderado de escória (Grover e Mishra, 1996).

2.13.3 Teor de humidade

O teor de humidade deve ser tão baixo quanto possível, geralmente entre 10-15%, como indicado por Grover e Mishra (1996). Um teor de humidade elevado coloca problemas na moagem e é necessária energia excessiva para a secagem.

Capítulo 3

MATERIAIS E MÉTODOS

3.1 Conceção da investigação

O método de investigação utilizado para este estudo foi o experimental. A razão é que este trabalho envolveu o estudo das propriedades do briquete de biomassa de casca de banana (PP) e os parâmetros de investigação: teor de humidade, valor calorífico, teor de cinzas, bem como teor de matéria volátil dos briquetes produzidos a partir de serradura e casca de banana. As fontes utilizadas incluíram a Internet, relatórios anteriores e publicações de investigadores notáveis (incluindo o presente autor) sobre biomassa, em particular sobre briquetagem de biomassa.

3.2 Materiais

O pó de serra de *Triplochiton scleroxylon* (Wawa) foi selecionado para o trabalho de investigação. A seleção das espécies acima referidas baseou-se no facto de se encontrarem entre as espécies de madeira mais frequentemente processadas na indústria da madeira no Gana. Além disso, a base de recursos destas espécies de madeira seleccionadas não está ameaçada. O outro material utilizado foi a casca de bananeira. A serradura das espécies de madeira foi recolhida na zona industrial de Danyase, Bekwai, na região de Ashanti, no Gana. Os toros dos quais foi recolhida a serradura foram pré-inspeccionados fisicamente para garantir que não apresentavam defeitos visuais como buracos de pinos e podridão. A serradura foi recolhida aleatoriamente em lotes de espécies de vários pontos das linhas de transformação, em função do calendário de produção. O resíduo agrícola utilizado para o estudo foi a casca de bananeira. Isto deveu-se ao facto de ser relativamente abundante em Bekwai e no Gana em geral, e a fécula de mandioca foi utilizada como aglutinante.

3.3 Preparação da mistura de casca de banana-da-terra e pó de serra

Os materiais recolhidos, tanto a casca de plátano como o pó de serra, foram primeiro espalhados num tapete de borracha durante sete dias para secagem ao sol. A serradura de Wawa, que foi recolhida na zona industrial de Danyase, foi seca a uma temperatura média de 29,00° C. Também para remover material indesejável como seixos, podridão e insectos para ser fácil de trabalhar. O número de dias necessários para os materiais secarem completamente dependia da espécie, das condições ambientais (temperatura e humidade relativa), bem como do teor de humidade inicial da serradura e da casca de plátano. Ao fim de uma semana, a água tinha secado em ambos os materiais e eram caracterizados por uma casca acastanhada no caso da banana. Todos os galhos e a serradura não cortada de Wawa foram removidos à mão. A casca da banana-da-terra foi cortada com uma faca de cozinha em pequenos pedaços, o que facilitou a sua trituração num almofariz.

3.4 Briquetagem de resíduos

O material de biomassa foi triturado em partículas finas. Foram utilizados cinco minutos para a trituração, após o que a serradura do mesmo tamanho mensurável da casca de plátano foi misturada manualmente com as cascas trituradas. Foi misturada uma quantidade considerável de aglutinante de amido de mandioca, com um peso de 300 ml, para garantir uma fácil compactação dos briquetes. Agitou-se continuamente a serradura com a casca de bananeira picada (PP) durante cinco minutos no almofariz, o que garantiu uma mistura adequada da casca de bananeira, da serradura e da fécula de mandioca. A briquetagem da biomassa foi feita por compactação direta à mão e foi moldada numa forma cilíndrica de 4 cm.

3.5 Preparações de ligantes e mistura

Para efeitos do presente trabalho, foi utilizado amido de mandioca como aglutinante porque está facilmente disponível no Gana e na região de Ashanti em particular. Além disso, a mandioca é relativamente muito barata em comparação com outras formas de fontes de amido disponíveis localmente, como o melaço. Utiliza-se um aglutinante para manter juntas a casca da banana e as partículas de serradura. O briquete triturado foi misturado com o aglutinante de amido e moldado manualmente numa forma cilíndrica.

3.6 Briquetagem e secagem

O amido misturado com o material do briquete foi prensado manualmente. Foram obtidos briquetes cilíndricos com um elevado teor de humidade a partir de tubos de aço reciclados. O diâmetro do molde era de 4 cm. Os briquetes moldados foram colocados num tabuleiro de alumínio limpo e secos ao sol durante 7 dias.

Figura 3.1: Briquetes secos a partir de biomassa de casca de banana e serradura

3.7 Determinação das propriedades do combustível dos materiais de biomassa utilizados no estudo

As características do combustível do material de biomassa determinadas foram o teor de humidade, o poder calorífico, o teor de cinzas e o teor de matérias voláteis

3.8 Determinação do teor de humidade de materiais de biomassa

A humidade ou água é normalmente determinada pela perda de peso que ocorre numa amostra após secagem até um peso constante numa estufa. Uma amostra de dois gramas de material de biomassa da espécie foi pesada num cadinho de porcelana no laboratório de Culturas e Solos da KNUST Science e colocada numa estufa de laboratório a uma temperatura de 135oC. A amostra foi seca até à diferença de massa entre duas pesagens sucessivas separadas por um intervalo de duas horas. O teor de humidade da amostra seca em estufa foi calculado da seguinte forma

$$(A + B) - A = B$$

$$(A + B) - (A + C) = B - C = D$$

$$\% \ Teor \ de \ humidade = - \ x \ 100$$

$$c$$

Onde:

A = peso do cadinho, B = peso da amostra inicial, C = peso da amostra seca, D = peso da humidade.

3.9 Valor calorífico bruto (GCV) dos briquetes de biomassa

Os valores calóricos da amostra foram determinados através da determinação do teor de proteína, gordura, fibra e extrato isento de azoto (NFE) na amostra.

3.9.1 Determinação do azoto

O método Kjedahl foi utilizado para determinar o teor de azoto da amostra de biomassa no laboratório de Ciências das Culturas e do Solo da KNUST. O procedimento consiste em três etapas: Digestão da amostra, destilação e titulação.

3.9.2 Digestão da amostra

Quatro amostras de biomassa de cascas de plátano foram moídas numa máquina de moer 3310 durante 15 segundos e peneiradas depois para filtrar o produto e obter uma textura suave. Dois gramas das amostras moídas foram colocados num balão de Kjeldahl e misturados com uma mistura de uma espátula de cada catalisador constituído por sulfato de sódio (Na_2So_4), sulfato de cobre ($CuSo_4$) e selénio. Adicionou-se também 30 ml de ácido sulfúrico (H_2SO_4) à mistura e digeriu-se até a cor se tornar preta.

3.9.3 Destilação da amostra digerida

A experiência foi aquecida na sala de kjeldahl durante uma hora e meia para remover a fumaça de cor leitosa da experiência. A cor da experiência torna-se creme após o aquecimento.

No processo de destilação de kjeldahl, 10 ml das amostras digeridas foram transferidos para o aparelho de destilação de kjeldahl, o gás de amoníaco foi recolhido no ácido bórico a partir da mistura de NaOH e a amostra digerida passa a verde em três (3) minutos.

3.9.4 Titulação do destilado

O ácido bórico foi titulado com HCl normal 0,1 até a cor se tornar cor-de-rosa, tendo sido obtido um valor de título de 3,41. O teor de azoto da amostra foi calculado do seguinte modo

$$N\ (g\ kg^{-1}\ ) = \frac{(ml\ HCl - ml\ branco)\ x\ Normalidade\ x\ 14,01}{Peso\ da\ amostra\ (g)\ x\ 10}$$

3.9.5 Determinação da gordura

O extrato etéreo (gordura) foi determinado por extração da amostra seca com éter. O peso do extrato é determinado após destilação do éter e pesagem da amostra. A extração com éter foi efectuada por extração em Soxhlet.

Um pedaço de papel de filtro foi dobrado para conter a amostra. Envolvido num filtro de 2nd , que é deixado aberto no topo como um dedal. Foi colocado um pedaço de algodão no topo para distribuir uniformemente o solvente à medida que este cai sobre a amostra durante a extração. O pacote de amostras foi colocado nos tubos de extremidade do aparelho de extração Soxhlet, tendo-se procedido à extração com éter de petróleo durante duas (2) horas sem interrupção por aquecimento suave, deixando-se arrefecer e desmontando o frasco de extração. O éter foi evaporado com vapor até não restar qualquer odor de éter. A extração foi arrefecida à temperatura ambiente durante uma noite

Retirar cuidadosamente a sujidade ou a humidade do exterior do frasco e pesar o frasco, calculando-o pela fórmula

$(A + B) - A = B$

Percentagem de extrato etéreo %= B/C x 100

Sendo A = massa do balão, B = massa do extrato etéreo, C = massa da amostra

3.9.6 Determinação da fibra

O resíduo pesado do extrato etéreo foi transferido para um balão de digestão e adicionaram-se 200 ml de solução de H2SO4 em ebulição e um agente antiespuma. Ligou-se imediatamente o balão de digestão a um condensador e aqueceu-se durante 30 minutos, após o que se retirou o balão e se filtrou imediatamente através de linho e se lavou com água a ferver até as lavagens deixarem de ser ácidas.

Uma quantidade de solução de NaOH foi aquecida até à ebulição e mantida à temperatura sob o condensador de refluxo até ser utilizada e o resíduo foi lavado no balão com 200 ml da solução de NaOH em ebulição. O balão foi ligado ao condensador de refluxo e fervido durante exatamente 30 minutos. No final dos 30 minutos, o balão foi retirado e imediatamente filtrado através do cadinho de Gooch. Após lavagem completa com H2O em ebulição, lavou-se com 15 ml de etanol a 95%. O cadinho e a amostra foram secos a 110° C até peso constante, arrefecidos num exsicador e pesados. As amostras de biomassa do cadinho foram incineradas numa mufla a 550° C durante 30 minutos até a matéria carbonosa ter sido consumida. Arrefeceu-se num exsicador e pesou-se. A perda de peso foi registada como fibra bruta.

$$A-B$$

Percentagem de fibra bruta (%) =x 100

Em que A = peso do cadinho seco e da amostra

B = peso do cadinho incinerado e das cinzas, C = peso da amostra

3.9.7 Determinação do extrato isento de azoto

O extrato isento de azoto (NFE) representa os hidratos de carbono não estruturais, como os amidos e os açúcares, e é determinado por diferença. O NFE foi determinado por cálculo após a determinação dos vários componentes da análise proximal.

O cálculo do extrato isento de azoto (NFE) é efectuado após a conclusão da análise das cinzas, fibra bruta, extrato etéreo e proteína bruta. O cálculo é efectuado adicionando os valores percentuais com base na matéria seca destas amostras analisadas e subtraindo-os de 100%.

NFE (%) com base na MS = 100% - [% de cinzas com base na MS + % de fibra bruta com base na MS + % de extrato etéreo com base na MS + % de proteínas com base na MS]

Percentagem de NFE (com base na matéria seca) %= 100 - (%CPr + %CF + %Ash + %EE)

Percentagem de hidratos de carbono = % NFE + % fibra bruta;

NFE = hidratos de carbono digeríveis

Onde:

NFE = extrato isento de azoto, DM = matéria seca, EE = extrato etéreo ou lípido bruto, CPr = proteína bruta, CF = fibra bruta.

A energia total dos vários tratamentos foi também determinada calculando os valores determinados para a proteína, NFE e gordura na fórmula:

Energia (Kcal/100g) = (4 x % Proteína) + (4 x % NFE) + (9 x % Gordura)

3.10   Teor de cinzas do briquete de casca de banana-da-terra

A cinza é o resíduo inorgânico obtido pela queima ou combustão completa da amostra de biomassa a 600° C. A amostra de material de biomassa foi triturada. As partículas que passaram pelo crivo foram utilizadas para este ensaio. Os cadinhos de porcelana vazios utilizados nesta experiência foram pré-aquecidos numa mufla eléctrica científica a uma temperatura de 600° C durante duas horas, arrefecidos num exsicador e depois pesados com uma balança analítica.

Colocaram-se cerca de dois (2,0) gramas da amostra no cadinho de porcelana e determinou-se o seu peso. O cadinho e a amostra foram então colocados numa mufla e aquecidos durante quatro horas a uma temperatura de 550° C até que todo o carbono fosse removido. Deixou-se arrefecer a mufla a uma temperatura inferior a 200° C e manteve-se esta temperatura durante 20 minutos. Após arrefecimento num exsicador, o peso foi determinado. O cadinho de porcelana foi então arrefecido num exsicador com tampa de rolha e depois pesado. Subsequentemente, o teor percentual de cinzas, com base na biomassa seca no forno, foi calculado da seguinte forma

$$(A + B) - A = B$$

$$(A + C) - A = C$$

$$\text{Percentagem de cinzas (\%)} = \frac{}{B} \times 100$$

Em que: A = peso do cadinho, B = peso da amostra, C = peso das cinzas.

3.11   Teor de matéria volátil

A matéria volátil refere-se à parte da biomassa que é libertada quando a biomassa é aquecida (até 400 a 500°C). Aproximadamente dois (2) gramas da amostra de biomassa foram colocados num cadinho de porcelana. A amostra foi primeiro seca na estufa e depois mantida num forno a uma temperatura de 550°C durante 10 minutos e pesada após arrefecimento num exsicador. A percentagem de matéria volátil foi então calculada do seguinte modo

Percentagem de matéria volátil (%)= $^{\wedge}j^{\wedge}$ x 100, em que: A é o peso da amostra seca no forno, B é o peso da amostra após 10 minutos no forno a 550°C.

3.12 Instrumentos:

Figura 3.2: determinação da temperatura do pó de serra seco no laboratório de física da Bekwai SDA

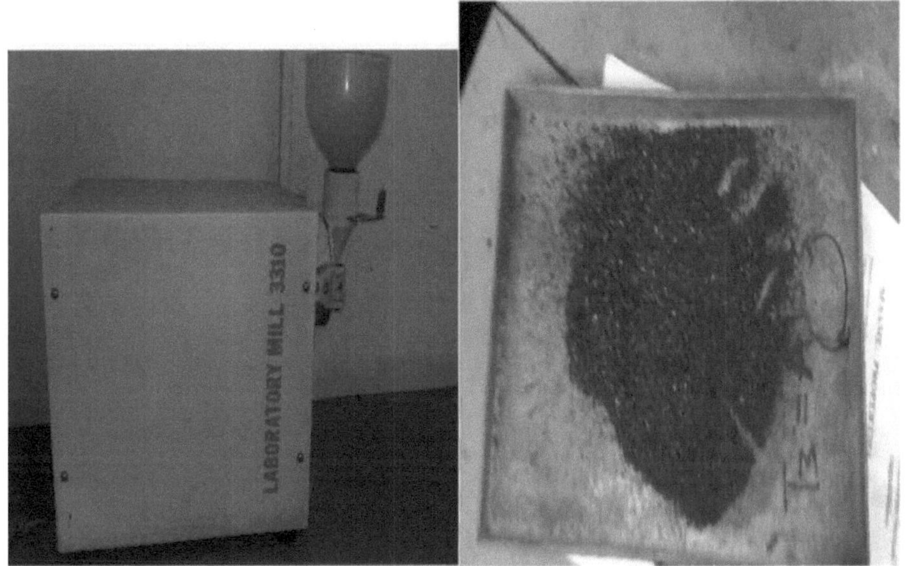

Figura 3.3: Máquina de moagem utilizada para moer os quatro briquetes de biomassa de casca de banana

Figura 3.4: na sala Kjeldahl, onde a amostra digerida foi aquecida

Figura 3.5: Destilação e titulação da amostra no laboratório Crop and Soil Science, knust

3.13 Análise de dados

A ANOVA foi utilizada para investigar o efeito dos factores experimentais nos briquetes produzidos. Os factores considerados foram o teor de humidade, o teor de cinzas, o poder calorífico e a matéria volátil.

Capítulo 4

RESULTADOS

As propriedades do combustível do briquete analisado neste estudo limitaram-se ao teor de humidade, teor de cinzas, teor de matéria volátil e valor calorífico. Estes foram comparados com quatro briquetes conhecidos (casca de arroz, carolo de milho, casca de amendoim e bagaço). Os resultados foram discutidos de acordo com os valores obtidos.

4.1 Teor de humidade

O teor de humidade mais elevado foi observado na casca de plátano, que é de 25,643%, seguido da casca de arroz 16,00%, da casca de amendoim 9,233%, do bagaço 8,43% e da maçaroca de milho 4,33% (figura 4.1) e (tabela 4.2 e 4.3). Os resultados do teor de humidade mostraram muita variação, mas parece que o teor de humidade dos briquetes tende a aumentar em diferentes concentrações de biomassa, desde a maçaroca de milho até à casca de banana, como se mostra na Figura 4.1 abaixo. O teor de humidade na biomassa da casca de bananeira foi significativamente diferente em comparação com os outros briquetes conhecidos, p é < 0,001 a um nível significativo de 0,05.

4.2 Conteúdo de cinzas

O teor de cinzas mais baixo, 4,49%, foi obtido a partir do bagaço, seguido da casca de amendoim 6,33%, da casca de banana 6,60%, da espiga de milho 18,27% e da casca de arroz 22,22% (figura 4.2). Também, tal como esperado, há uma diminuição progressiva do teor de cinzas dos briquetes. Uma vez que a casca de arroz e o sabugo de milho contêm mais cinzas do que a biomassa da casca de banana, como se pode ver nos resultados da análise proximal dos materiais mostrados na Tabela 4.2 e 4.3 e também na figura 4.2. Como (p é < 0,001), isso mostra que não há diferença significativa entre o briquete de casca de banana e outros briquetes de biomassa conhecidos. Diminuir a concentração de casca de arroz e de sabugo de milho e, correspondentemente, aumentar a concentração de biomassa de casca de banana diminuiria certamente o teor de cinzas.

4.3 Teor de matéria volátil

T estudo revelou que o maior teor de matéria volátil foi observado no bagaço que é 87,00% seguido pela casca de amendoim 73,00%, casca de arroz 66,33%, e casca de banana 62,52% e espiga de milho 45,83% (Tabela 4.2 e 4.3). Não houve diferença significativa entre o conteúdo de matéria volátil da casca de banana e os outros briquetes conhecidos, p é < 0,001 a um nível significativo de 0,05.

4.4   Poder calorífico

A partir do estudo, o valor energético mais elevado foi registado na casca de amendoim com 4517,67Kcal/kg, seguido do bagaço 4454Kcak/kg, da casca de plátano 3980,53Kcal/kg, da espiga de milho 3913,33Kcal/kg e o valor calorífico mais baixo foi também registado na casca de arroz 3300Kcal/kg. Quanto maior for o poder calorífico do briquete, maior será a taxa de combustão do briquete. Não houve diferença significativa entre o poder calorífico da casca de banana e os outros briquetes conhecidos, p é < 0,001 a um nível de significância de 0,05. Considerando os valores do poder calorífico do material vegetal e da serradura antes da briquetagem, foi demonstrado que existe um aumento do poder calorífico após a conversão dos resíduos em briquetes.

Tabela 4.1: Resultados da análise proximal de várias matérias-primas utilizadas na experiência com briquetes de biomassa

Amostras	Teor de humidade (%)	Teor de cinzas (%)	Conteúdo volátil (%)	Poder calorífico
Casca de banana-da-terra	19.421	10	70.31	287kcal/100g
Pó de serra	12	2.8	82.2	19,97 Mj/Kg

Fonte: Estudo (2016)

Tabela 4.2: Resultado do valor médio das propriedades do combustível da casca de plátano e do briquete de biomassa de pó de serra

Amostra	Teor de humidade (%)	Teor de cinzas (%)	Conteúdo volátil (%)	Poder calorífico (Kcal/Kg)

Casca de banana-da-terra e briquetes de pó de serra	25.643	6.6	62.517	3980.533

Fonte: Estudo (2016)

Tabela 4.3: O mtum valor dos quatro briquetes de biomassa conhecidos

Amostras	Humidade conteúdo (%)	Teor de cinzas (%)	Conteúdo volátil (%)	Poder calorífico (Kcal/Kg)
Casca de arroz	16	22.22	66.333	3354
Espiga de milho	4.33	18.27	45.833	3913.333
Casca de amendoim	9.233	6.333	73	4517.667
Bagaço	8.43	4.487	87	4454

Fonte: Estudo (2016)

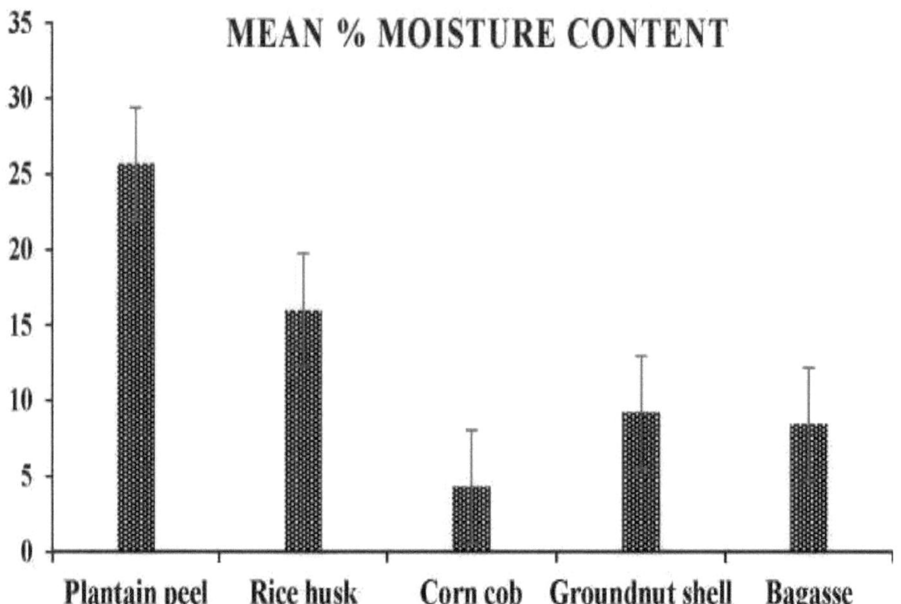

Figura 4.1: Teor de humidade da casca de plátano e de quatro briquetes conhecidos

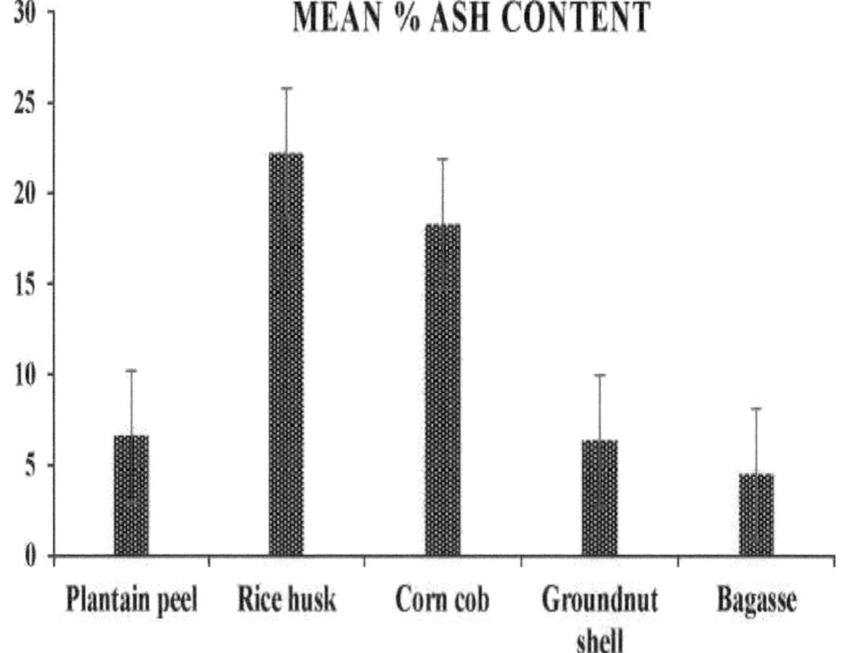

Figura 4.2: Teor de cinzas do briquete de casca de banana-da-terra e do briquete de quatro tipos

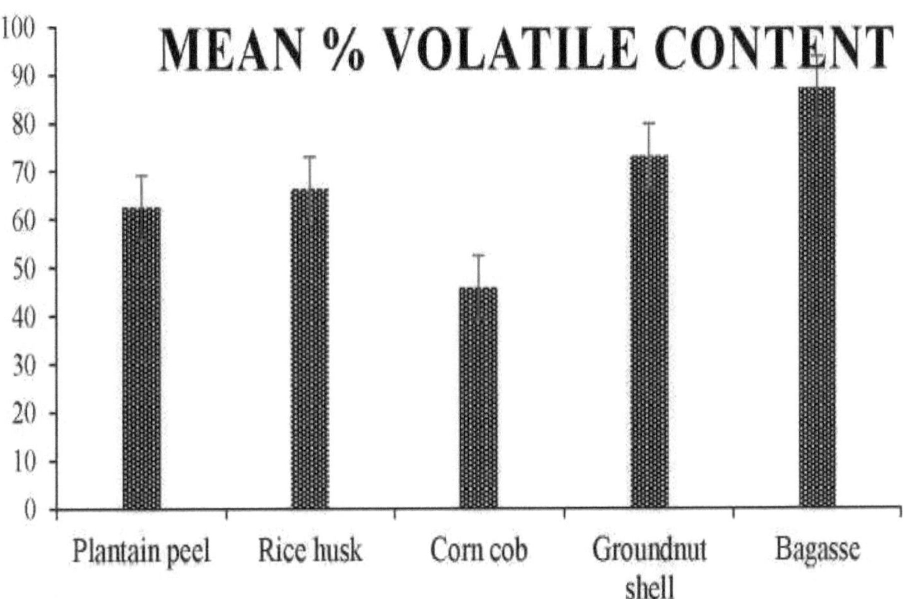

Figura 4.3: Teor de matéria volátil da casca de banana-da-terra e de quatro briquetes conhecidos

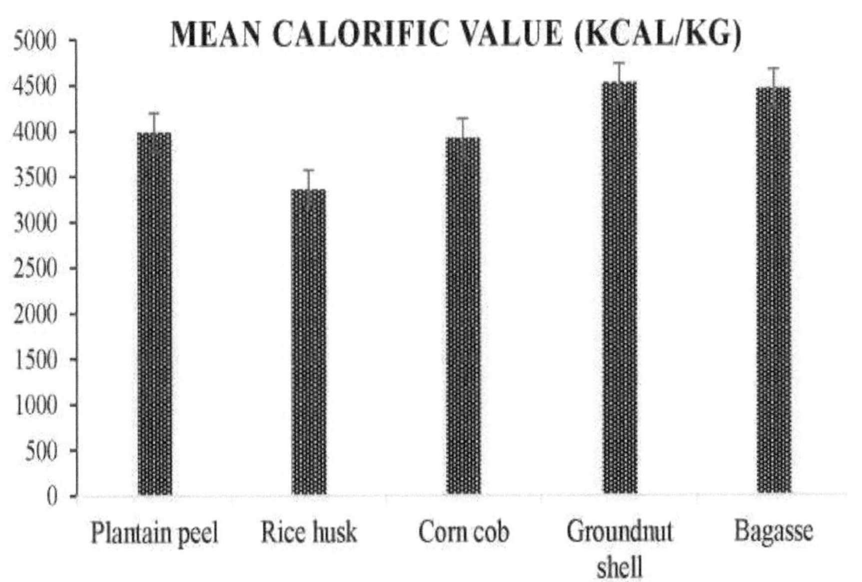

Figura 4.4: Poder calorífico da casca da banana-da-terra e de quatro briquetes conhecidos

Capítulo 5

5.1 Introdução

A Avaliação Mundial da Energia 2000 indicou que muitos dos países em desenvolvimento estão a produzir enormes quantidades de resíduos agrícolas e de serração que são utilizados de forma ineficaz, causando uma grande poluição do ambiente. Os principais resíduos agrícolas são a casca de arroz, a casca de café, o bagaço de cana-de-açúcar, as cascas de amendoim, as espigas de milho, os caules de algodão e as cascas de plátano. O pó de serra é um resíduo de moagem que também está disponível em grande quantidade. Para além dos problemas de transporte, armazenamento e manuseamento, a queima direta de biomassa solta em grelhas convencionais está associada a uma eficiência térmica muito baixa e a uma poluição atmosférica generalizada.

5.2 Comparação das propriedades do combustível de cascas de bananeira e pó de serra com outros briquetes conhecidos

5.2.1 Efeito do teor de humidade (%)

Uma elevada percentagem de humidade nos materiais de biomassa impede a combustão, da mesma forma que o teor de água influencia o valor calorífico líquido, a eficiência da combustão e a temperatura da combustão.

A partir da tabela 4.1, o estudo revelou que as cascas de plátano e os briquetes de serradura têm um teor de humidade mais elevado, quase 26%, e que houve uma diferença significativa (p < 0,01) entre o teor de humidade da biomassa. Grover e Mishra (1996) salientaram que, para uma biomassa arder eficazmente e ser utilizada como biocombustível, o teor de humidade deve ser tão baixo quanto possível, geralmente entre 10 e 15%. A casca de plátano registou um teor de humidade mais elevado porque a compressão da biomassa para extrair a água foi feita à mão; no entanto, foi utilizada uma máquina para extrair a água das restantes amostras. E pode concluir-se que o briquete de casca de plátano causará alguma dificuldade na ignição e poderá também impedir a combustão durante a queima com um elevado teor de humidade.

5.2.2 Efeito do teor de cinzas (%)

Os minerais inorgânicos presentes no briquete constituem o que se designa por cinzas. Geralmente, quanto maior for o teor de cinzas, maior será o comportamento de escorregamento. Mas isto não significa que a biomassa com menor teor de cinzas não apresente qualquer comportamento de escorregamento.

A partir da tabela 4.1, o briquete de casca de banana registou um valor mais baixo de teor de cinzas e mostrou significância (p < 0,001). O conteúdo de cinzas das espécies mencionadas variou de um valor tão baixo quanto 4,49% para o bagaço a um valor tão alto quanto 22,22% para a casca de arroz. O teor de cinzas da espécie de briquete de casca de banana estudada foi igual ou pouco superior a 6%, ou seja, o valor considerado adequado para combustível de biomassa de acordo com as normas austríacas para briquete de combustível (Austria ONORM M7135, teor de cinzas > 6,0).

Com exceção da casca de arroz e do sabugo de milho, que tinham um teor de cinzas comparativamente elevado, todas as outras espécies tinham um teor de cinzas inferior a 7,0%. Grover e Mishra (1996) indicaram que a escória das cinzas ocorre normalmente com combustíveis de biomassa quando o teor de cinzas é superior a 4%. Assim, é provável que, quando espécies como a casca de plátano e a serradura, o bagaço e a casca de amendoim são utilizadas como combustível, não ocorra escória. Pelo contrário, a escória pode ocorrer quando a casca de arroz e a espiga de milho são utilizadas como combustível de biomassa. De acordo com a SABS (2002), um teor de cinzas mais baixo é um sinal de um bom briquete de biomassa, pelo que o valor do teor de cinzas não deve exceder 13%. Pode concluir-se que o teor de cinzas do briquete de cascas de bananeira está fundamentado na literatura. O teor de cinzas dos resíduos agrícolas afecta o seu comportamento de escória, juntamente com a temperatura de funcionamento e a composição mineral das cinzas.

5.2.3 Efeito da matéria volátil

A matéria volátil refere-se à parte de um material de biomassa que é libertada sob a forma de gases voláteis quando é aquecida até 400°C a 500°C. A biomassa tem geralmente um elevado teor de matéria volátil de cerca de 60% a 86% e um baixo teor de carvão. O elevado teor de matéria volátil de um material de biomassa indica que, durante a combustão, a maior parte deste irá volatizar e arder como gás no fogão (Akowuah *et al.*, 2012). A matéria volátil das cinco espécies estudadas variou entre 62,52% (casca de plátano) e 87% (bagaço). Com exceção da maçaroca de milho, a matéria volátil de todas as espécies estudadas foi inferior a 60%. De acordo com Vamvuka *et al.* 2011, materiais de biomassa com teores de voláteis até 78% indicaram temperaturas de ignição entre 236°C e 270°C, enquanto a lignite com teor de voláteis de 53% inflamou a 274°C. A percentagem de matéria volátil do briquete de casca de bananeira da experiência foi de quase 63% na tabela 4.1. A quantidade de matéria volátil influencia fortemente a decomposição térmica e o comportamento de combustão dos combustíveis sólidos. Este facto é semelhante ao do Agni Group of Companies, uma vez que a análise de proximidade da matéria volátil do briquete AGNI varia entre 62 e 68%.

5.2.4   Efeito do poder calorífico

Os briquetes com maior densidade são preferidos como combustível devido ao seu elevado conteúdo energético por unidade de volume e à sua propriedade de combustão lenta (Kumar *et al.*, 2009; Krizan, 2007). As propriedades caloríficas dos briquetes produzidos neste estudo mostraram, a partir da tabela 4.1, que o briquete de casca de bananeira, em adição ao aglutinante de amido de mandioca, obteve quase 3981 Kcal/kg. O valor calorífico das espécies de briquetes de casca de bananeira foi superior ao obtido a partir da casca de arroz, que foi de 3300 Kcal/kg, e da maçaroca de milho, que foi de 3913,33 Kcal/kg. O poder calorífico da espécie de briquete de casca de plátano pode ser considerado adequado, uma vez que é superior aos valores mínimos aceitáveis sugeridos pela norma austríaca para briquetes de combustível (Austria ONORM M7135, Poder calorífico > 3000 Kcal/kg). Adicionalmente, os valores de aquecimento da biomassa de briquetes de casca de amendoim, bagaço e casca de banana estudados estavam dentro do intervalo sugerido pela SABS (2002), que indicou que a biomassa tem um elevado valor calorífico que varia entre 3500-5000 Kcal/kg, dependendo da matéria-prima utilizada. Stahl, *et al.* (2004), num relatório sobre a definição de uma biomassa padrão, afirmou que os valores caloríficos para a maioria dos materiais lenhosos se situam entre 17 e 19 MJ/kg; para os resíduos agrícolas, os valores caloríficos são de cerca de 15 a 17 MJ/kg. Pode concluir-se, com base em SABS (2002), que o valor do briquete de casca de banana corresponde ao intervalo sugerido. Daí a sua aceitação para produzir uma combustão de combustível de alta energia.

CONCLUSÕES E RECOMENDAÇÕES

Introdução

Este trabalho foi realizado com o objetivo de examinar as características do combustível e as propriedades de combustão de briquetes produzidos a partir de casca de plátano e serradura, utilizando amido de mandioca como agente aglutinante. A qualidade dos briquetes foi influenciada pelo tipo de aglutinante utilizado.

Conclusões

Com base nos objectivos estabelecidos para este estudo, pode deduzir-se do estudo que o teor de humidade do briquete de casca de plátano foi de 26% e que houve diferenças significativas (p < 0,01) entre a casca de arroz, a casca de amendoim, a espiga de milho e o bagaço. Este valor foi muito superior à humidade esperada no briquete, tal como referido por Grover e Mishra (1996), o que, por sua vez, causa dificuldades na ignição e combustão do briquete como combustível.

De um modo geral, foi possível produzir briquetes de boa qualidade a partir da casca de plátano e do briquete de serradura estudados, que tinham um valor calorífico adequado de 3981 Kcal/Kg, o que permite a combustão, de acordo com o South African Bureau of Standards SABS (2002), que sugere que o conteúdo energético do briquete deve situar-se entre 3500-5000Kcal/kg.

O teor de cinzas do material de biomassa da casca de plátano é de 6,6% e não apresenta diferenças significativas entre a casca de arroz, a casca de amendoim, a espiga de milho e o bagaço. Este valor é inferior a 13%, ou seja, o valor para além do qual o teor de cinzas da biomassa combustível é considerado não adequado, de acordo com o South African Bureau of Standards SABS (2002), para briquetes de combustível. Os resultados indicaram ainda que o bagaço tem a melhor propriedade de combustível com uma classificação de 4454 Kcal/Kg e a casca de arroz a pior com uma classificação de combustível de 3354 Kcal/Kg.

Os resíduos de cascas de bananeira e a serradura combinados são muito adequados para a produção de briquetes para uso doméstico e industrial. A utilização deste tipo de briquetes é amiga do ambiente, favorece a combustão, é fácil de transportar, liberta menos carbono para a atmosfera, reduz os riscos para a saúde associados à utilização de lenha, reduz a desflorestação e as complicações que lhe estão associadas e é também muito eficiente como combustível alternativo ao carvão e à lenha.

Recomendações

Do estudo efectuado resultam as seguintes recomendações:

i. Recomenda-se que a réplica da experiência do briquete de casca de banana seja estudada com diferentes agentes ligantes, como argila, melaço e estrume de vaca, etc.

ii. Recomenda-se também que a utilização de briquetes seja amplamente publicitada no Gana, devido à ameaça de escassez de madeira e à escassez de outras fontes de energia.

REFERÊNCIAS

Acma, H.H., Yaman S., e Kucukbayrak S. (2013) Produção de bio briquetes a partir de algas castanhas carbonizadas, Tecnologia de Processamento de Combustível 106, 33-40, DOI:10.1016/j.fuproc.2012.06.014.

Aerts, D.J., Ragland, K.W. (1991) Properties of wood for combustion analysis (Propriedades da madeira para análise da combustão). Biores Technol 37:161-168.

Akowuah, J.O., Kemausuor, F. & Mitchual, S.J., (2012) Características Físico-Químicas e Potencial de Mercado do Briquete de Carvão Vegetal de Serragem. *Actas da 55ª Convenção Internacional da Sociedade de Ciência e Tecnologia da Madeira*, pp.1-11.

Al-Widyan, M. I., Al-Jalil, H. F., Abu-Zreig, M. M. & Abu-Hamdeh, N. H. (2002) Physical durability and stability of olive cake briquettes. Canadian Biosystems Engineering. 44, 3.40-3.45.

Anell, C. e Karen, O. (1991) Plantação de Rubya, estado da floresta, estimativa e revisão dos resíduos de madeira: Um pequeno estudo de campo. Documento de trabalho, Centro Internacional de Desenvolvimento Rural, Suécia de Ciências Agrícolas. 1991, No. 174, 36 pp- 16 pp; 17 ref. In: CAB: OF Forestry Abstracts 1992 053-08098.

Atakora, S., (2000) Biomass Technologies in Ghana. *Instituto de Tecnologia e Ambiente de Kumasi (KITE)*. Disponível em: http://www.nrbp.org/papers/046.pdf.

Babayemi, J. O. (2010) Potash from Musa species. BioResouces 5(3): 1384-1392.

Bapat, D. W., Kulkarni, S. V. and Bhandarkar, V. P. (1997) Design and operating experience on fluidized bed boiler burning biomass fuels with high alkali ash, in F. D. S. Preto (Ed.), Proceedings of the 14th International Conference on Fluidized Bed Combustion, New York: Vancouver ASME, 165-174.

Barnwal, B. K. (2005) Prospects of biodiesel production from vegetable oils in Indian Renewable and Sustainable Energy Reviews. 9 (4); 363-378. Bioenergia, 25: 483-499.

Brostrom, M. (2010) Aspectos da química do cloreto alcalino na formação de depósitos e corrosão a alta temperatura em caldeiras alimentadas a biomassa e resíduos. Uma dissertação apresentada à Universidade de Umea, Suécia. Sítio Web http://umu.divaportal.org/smash/get/diva2:317028/FULLTEXT01.

Butler B. J. e McColly, H. (1959) Factors affecting the pelleting of hays. Agricultural Engineering, 40, 442-446.Characteristics of *Lantana Camara* and *Eupatorium odorata*. Current Science, 97(6):930935.

Chou, C.S., Lin, S.H., e Lu, W.C., (2009) Preparação e caraterização de combustível de biomassa sólida feito de palha de arroz e farelo de arroz, Fuel Processing Technology 90, 980-987, DOI: 10.1016/j.fuproc.2009.04.012.

Chuen-Shii, C., Sheau-Horng, L. e Wen-Chung, L. (2009) Preparação e caraterização de combustível de biomassa sólida feito de palha de arroz e farelo de arroz. Fuel Processing Technology, 90: 980-9.

Comoglu, T. (2007) an Overview of Compaction Equations. Jornal da Faculdade de Farmácia, Ankara, 36(2), 123-133.

Demirbas T. e C. Demirbas, C. (2009) Fuel properties of wood species. Energy Sources, 31(16), 1464-1472. DOI: 10.1080/15567030802093153.

Demirbas, A., Sahin-Demirbas, A. e Demarrias, A. H. (2004) Briquetting properties of biomass waste materials. Energy Sources, 26: 83-91.

Denny, P. J. (2002) Equações de compactação: A comparison of the Heckle and Kuwait Equations. Powder Technology, 127: 162-172.

Tecnologias de densificação para aplicações energéticas. Departamento de Energia dos EUA. Websitehttp://www.inl.gov/technicalpublications/documents/4886679.pdf.Determinat ião de características físicas, mecânicas e de combustão de resíduos poliméricos

Jornal Estónio de Engenharia, 16 (4), 307-316. Doi: 10.3176/eng.2010.4.06.

Duku, M. H., Gu, S. e Hagan, E. B. (2011) A comprehensive review of biomass resources and biofuels potential in Ghana. Renewable and Sustainable Energy Reviews, 15,

Dutta, A. (2007) Achieving millennium development goals. Web site http://sfcmtm.ai3.net/class/20070041/materials/03/20070041-Dutta-03-6in1.pdf.

Eledi, C. (2007) Aumenta a produção de banana-da-terra no Gana. Notícias gerais de sexta-feira

Emrich, W. (1985) Handbook of Charcoal Making. The Traditional and Industrial Methods.

Solar Energy R&D in the European community Series E, Energy from Biomass. Vol.

7. Dordrecht, Países Baixos, D. Reidel Publishing Company.

FAO. (1990) The briquetting of agricultural wastes for fuel. FAO, Environment and Energy Paper. Sítio Web http://www.fao.org/docrep/t0275e/T0275E03.htm.

FAO. (1995) Industrial Charcoal Making, FAO Forestry Paper No. 63. Secção de Produtos Mecânicos de Madeira. Divisão das Indústrias Florestais, Departamento Florestal da FAO.

Ferguson, H. (2012) The potential for briquette enterprises to address the sustainability of the Ugandan biomass fuel market, pp. 9,13.

Ferrero, A. e Molenda, M. (1999) Dispositivo para a medição contínua da expansão de briquetes de palha. International Agrophysics, 13: 87-92.

Grover, P. D. e Mishra, S. K. (1996) Biomass briquetting: Technology and practice.

Programa regional de desenvolvimento da energia da madeira na Ásia. Organização das Nações Unidas para a Alimentação e a Agricultura. Documento de campo n.º 46.

Agência Internacional da Energia (AIE) (2004) World Energy Outlook Paris, p. 343.

ITTO (2008) Revisão anual e avaliação da situação mundial da madeira. Organização Internacional das Madeiras Tropicais.

Jain, S. K. (1991) Dictionary of Indian Folk Medicine and Ethnobotany (Dicionário de Medicina Popular Indiana e Etnobotânica). Nova Deli: Deep Publications.

Jindaporn, J. e Songchai, W. (2007) Produção e caraterização de briquetes de carvão vegetal à base de casca de arroz. KKU Engineering Journal, 34 (4): 391 - 398.

Kaliyan N., e Morey R., V. (2010) Densification characteristics of corn cobs, Fuel Processing Technology, 91: 559-565, DOI:10.1016/j.fuproc.2010.01.001.

Kers, J., Kulu, P., Aare Aruniit, A., Laurmaa, V., Krizan, P., Soos, L. e Kask, U. (2010) Determinação das características físicas, mecânicas e de combustão de materiais poliméricos

Krauss, A. e Szymanski, W. (2006) Briquetagem de resíduos de lignocelulose numa máquina de briquetagem de parafuso perpétuo. Jornal eletrónico das universidades agrícolas polacas. 9 (3). Sítio Web http://www.ejpau.media.pl/volume9/issue3/art-13.html.

Krizan, P. (2007) Investigação dos factores que influenciam a qualidade dos briquetes de madeira. *Ata Montanistica Slovaca Rocnik,* 12 (3): 223-230.

Kumar, R., Chandrashekar, N. e Pandey, K. K. (2009) Fuel Properties and Combustion Characteristics of Lantana Camara and Eupatorium Spp., Current Science, 97(6): 930935.

Kumasi Institute of Technology and Environment (KITE), (1999) Energy Use in some peri-urban areas in Kumasi. 4th Floor SSNIT Building Annex, Harper Road, Adum, Kumasi Ghana. - Estudo não publicado.

Li, J. F. e Hu, R. Q. (2003) Sustainable biomass production for energy in China. Biomass

Mani, S., Tabil, L. G., e Sokhansanj, S. (2006) Specific energy requirement for compacting corn stover. Bio resource Technology, 97: 1420 -1426.

Massaquoi, J.G.M. (1990) Agricultural Residues as energy source, in: Baghavan, M R.

Kerekezi (Kde), Energia para o Desenvolvimento Rural; Ata do grupo de peritos das Nações Unidas sobre o papel das fontes de energia novas e renováveis no desenvolvimento rural integrado. Nações Unidas, Estocolmo, Suécia, 22-26 de janeiro de 1990. Zed Books Ltd. Londres. Capítulo 6, pp 76-85.

Mitchual, S.J. (2014) Densificação de serradura de madeiras tropicais e de espigas de milho à temperatura ambiente utilizando baixa pressão de compactação sem aglutinante.

Morton, J. (1987) Banana. In: Fruits of warm climates (Frutas de climas quentes). Julia F. Morton, Miami, FL. pp. 2946.

Moshenin, N. e Zaske, J. (1976) Stress relaxation and energy requirements in compaction of unconsolidated material. Resíduos de Engenharia Agrícola, 21, 193-205. Política energética nacional do Gana, (2010).

O'Dogherty, M. J. e Wheeler, J. A. (1984) Compression of straw in a closed cylindrical dies Agricultural Engineering Residue, 29: 61-72.

Okrah, L. (1999) The Bane of Sustainable Forest Management in Africa: O caso do Gana. Movimento Mundial pelas Florestas Tropicais. Sítio Web

http://www.wrm.org.uy/countries/Africa/Okrah.html.

Oladeji, A. (2012) Estudo comparativo dos efeitos de alguns parâmetros de processamento nas características de densificação de briquetes produzidos a partir de duas espécies de sabugo de milho.

The Pacific Journal of Science and Technology, 13: 182-192.

Oladeji, J.T., (2010) Fuel characterization of briquettes produced from corncob and rice husk resides, The Pacific Journal of Science and Technology, 11: 101-106.Pharmacy, Ankara, 36(2), 123-133.Regional wood energy development programme in Asia. Organização das Nações Unidas para a Alimentação e a Agricultura. Documento de campo nº 46. Publicação.

Purohit, P., Tripathi, A. K., e Kandpal, T. C. (2006) Energetics of coal substitution by briquettes of agricultural residues. Energy, 31, 1321-1331.

Rabindranath, N. H. e Oakley Hall, D. H. (1995) Biomass energy and environment: A developing country perspective from India. Oxford: Oxford University Press.

Reger, H. (1985) Carbonisation of Forestal Agricultural and agri-industrial Waste as well as of Organic Municipal Waste and Practical Utilisation of the Recovered Products (Char, gas, pyrolysis oil), in: Relatório, Comissão das Comunidades Europeias, Luxemburgo, No. EUR 9974EN, 103pp, In CAB: IF Forest Products Abstracts 1986, 009-02139.

Satyanarayana N., Tao, Y., Glaser, C., Hans-J€org G. e Ay. P. (2010) Aumento do poder calorífico de pellets de palha de centeio com aditivos biogénicos e de combustíveis fósseis.

Combustíveis energéticos, 24:5228-5234.

Shankar, T. J. e Bandyopadhyay. S. (2005) Process variables during single screw extrusion of fish and rice flour blends. Journal of Food Processing and Preservation, 29:151164.

Shaw, M. (2008) Variáveis da matéria-prima e do processo que influenciam a densificação da biomassa. Tese de mestrado. Universidade de Saskatchewan, Departamento de Engenharia Agrícola e de Recursos Biológicos. Imprensa da Universidade de Saskatchewan.

Shrivastava, A. C., Bilanski, W. K. e Graham, V. A. (1990) Feasibility of producing large size hay wafers. *Canadian Agricultural Engineering.* 23(2), 109-112.

Sítio http://www.inl.gov/technicalpublications/documents/4886679.pdf.

Soffner M. L. A. P., (2001) Produção de polpa a partir do caule da bananeira, Universidade de São Paulo, Piracicaba/SP,Brasil,Tese,<www.teses.usp.br/teses/disponiveis/11/11149/tde.../soffner.pdf> acedido em 20.11.2012 (em português).

Sotannde, O. A.; Oluyege, A. O.; e Abah, G. B. (2010) Propriedades físicas e de combustão de briquetes de Wright, de serradura de Azadirachta indica.

South African Bureau of Standard (SABS), (2002) Wood Charcoal and Charcoal Briquettes for Household use. Especificação da norma sul-africana. Edição 2.2; Gabinete de Normas da África do Sul. África do Sul.

Stahl. R., Henrich, E., Gehrmann, H. J., Vodegel, S. e Koch, M. (2004) Definition of a standard biomass, RENEW - Renewable fuels for advanced power trains.

Suzdalenko, V., Barmina, I, Lickrastina, A., e Zake, M., (2011) O efeito da co-gasificação dos pellets de biomassa com gás na degradação térmica da biomassa, Chemical Engineering Transactions 24, 7-12, DOI: 10.3303/CET1124002.

Tripathi, A.K., Iyer, P.V.R., Kandpal, T.C., (1998) A techno-economic evaluation of biomass briquetting in India. Biomass Bioenergy. 14(5-6):479-88.

Tumuluru, J. S., Wright, C. T., Kenny, K. L. e Hess, R. (2010) A review on biomass

Tumuluru, J. S, Wright, C.T; Hess, J.R; e Kenney, K.L (2011) revisão dos sistemas de densificação para desenvolver matérias-primas uniformes para aplicação em bioenergia.

U.K. Department for International Development (DFID), (2002) Energy for the Poor: Underpinning the Millennium Development Goals, Londres.

Vamvuka, D., Chatib, N.E. e Sfakiotakis, S. (2011) Proceedings of the European Combustion Meeting, Cardiff,

Vivekanad, P. A. (2012) Significância dos recursos energéticos renováveis para o desenvolvimento rural na Índia. Indian Streams Research Journal, 1(12): 1-4 briquetes de materiais residuais. Jornal de Engenharia da Estónia, 16 (4):307-316.

Wilaipon P., (2008) The effects of briquetting pressure on banana-peel briquette and the banana waste in northern Thailand, American Journal of Applied Sciences 6: 167-171, DOI:

Wilaipon, P. (2009) Os efeitos da pressão de briquetagem no briquete de casca de banana e nos resíduos de banana no norte da Tailândia. American Journal of Applied Sciences, 6(1), 167171.

Yamaji F. M., Chrisostomo W., Vendrasco L., and Flores W.P., (2010) The use of forest residues for pellets and briquettes production in Brazil. Anais Veneza 2010, Terceiro Simpósio Internacional de Energia de Biomassa e Resíduos.

Yumak, H., Ucar T., and Seyidbekiroglu N., (2010) Briquetting soda weed *(Salsola tragus)* to be used as a rural fuel source, Biomass and Bioenergy 34: 630-636, DOI: 10.1016/j.biombioe.2010.01.006.

Zeng, X. Y., Ma, Y. T. e Ma, L. R. (2007) Utilization of Straw in Biomass Energy in China. Renewable and Sustainable Energy Revisions, 11, 976-987.

Apêndice 1a: One Way ANOVA para o teor de humidade

Variante: Teor de humidade					
Fonte de variação	d.f.	s.s.	s.m.	var.	F pr.
tipo de biomassa	4	836.1712	209.0428	319.15	<.001
Residual	10	6.5499	0.655		
Total	14	842.7211			

Estatisticamente significativo ao nível de significância de 0,05

Apêndice 1b: One Way ANOVA para o teor de cinzas

Variante: Ash_content					
Fonte de variação	d.f.	s.s.	s.m.	var.	F pr.
tipo de biomassa	4	396.0588	99.0147	452.04	<.001
Residual	10	2.1904	0.219		
Total	14	398.2492			

Estatisticamente significativo ao nível de significância de 0,05

Apêndice 1c: One Way ANOVA para o teor de matéria volátil

Variante: Teor volátil					
Fonte de variação	d.f.	s.s.	s.m.	var.	F pr.
tipo de biomassa	4	2713.657	678.414	237.59	<.001
Residual	10	28.554	2.855		
Total	14	2742.212			

Estatisticamente significativo ao nível de significância de 0,05

Apêndice 1d: One Way ANOVA para o poder calorífico

Variante: Poder calorífico					
Fonte de variação	d.f.	s.s.	s.m.	var.	F pr.
tipo de biomassa	4	2668986	667246	474.85	<.001
Residual	10	14052	1405		
Total	14	2683037			

Estatisticamente significativo ao nível de significância de 0,05

Legenda: DF = Grau de liberdade

ss = Soma dos quadrados

ms= Soma média dos quadrados

Var= Variância

F pr= Valor P

Printed by Books on Demand GmbH, Norderstedt / Germany